Sitzungsberichte

der

Heidelberger Akademie der Wissenschaften

Stiftung Heinrich Lanz

Mathematisch-naturwissenschaftliche Klasse

*) *Jahrgang 1921 erschien im Verlage von Carl Winters Universitätsbuchhandlung in Heidelberg.*

Im Verlag von Walter de Gruyter & Co. vormals G. J. Göschen'sche Verlagshandlung — J. Guttentag, Verlagsbuchhandlung — Georg Reimer — Karl J. Trübner — Veit & Comp., Berlin erschienen:

Abteilung A. Mathematisch-physikalische Wissenschaften.

Jahrgang 1922.

1. PERRON, OSKAR. Neue Summationsmethoden und Entwicklungen nach Polynomen. Reichsmark 0·30
2. PERRON, OSKAR. Über transzendente Funktionen auf RIEMANNschen Flächen. Reichsmark 0·60
3. BALDUS, RICHARD. Über die singulären Punkte reeller Parameterkurven. Reichsmark 0·50

Jahrgang 1923.

1. DEECKE, W. Mitteleuropäische Meeresströmungen der Vorzeit. Reichsmark 0·60
2. LIEBMANN, HEINRICH. Die LIE'sche Cyklide und die Inversionskrümmung. Reichsmark 0·40
3. PERRON, OSKAR. Über Gleichungen ohne Affekt. Reichsmark 0·40
4. LIEBMANN, HEINRICH. Beiträge zur Inversionsgeometrie III. Reichsmark 0·40
5. KRATZERT, J. Beitrag zur Kenntnis des Andesins von Bodenmais. Reichsmark 0·50

Jahrgang 1924.

1. TH. CURTIUS und A. BERTHO. Einwirkung von Stickstoffkohlenoxyd und von Stickwasserstoffsäure unter Druck auf aromatische Kohlenwasserstoffe. Reichsmark 0·50
2. LIEBMANN, HEINRICH. Umkehrung des Variationsproblems der ebenen Affingeometrie. Reichsmark 0·60
3. SALOMON, WILHELM. Die Itensitäten alluvialer und diluvialer geologischer Vorgänge und ihre Einwirkung auf die pliocäne Rumpffläche des Kraichgaues und Odenwaldes. Reichsmark 1·20
4. HEFFTER, L. Zur absoluten Geometrie. Reichsmark 0·60
5. VAN WERVEKE, L. Über die Entstehung der lothringischen Lehme und des mittelrheinischen Lößes. Reichsmark 1·50
6. KRULL, WOLFGANG. Die verschiedenen Arten der Hauptidealringe. Reichsmark 0·50
7. ROESER, ERNST. Übergang von der nichteuklidischen Streckentrigonometrie zur Winkelmessung. Reichsmark 0·30
8. WELLSTEIN, JULIUS. Zur Differentialgeometrie der isotropen Kurven. Reichsmark 1·50
9. EWALD RUDOLF. Die geodynamischen Erscheinungen des krystallinen Odenwaldes als Beispiel einer geoisostatischen Ausgleichsschwingung. Reichsmark 1·50
10. VOELCKER, ILSE. Über eine ganz junge Verwerfung bei Rauenberg im Kraichgau. Reichsmark 0·30
11. LIEBMANN, HEINRICH. Die Aufschließung von Differentialinvarianten. Reichsmark 0·50

[Fortsetzung siehe 3. Umschlagsseite.]

*) Bestellungen auf solche Veröffentlichungen der math.-naturw. Klasse, welche früher im Verlag von Carl Winters Universitätsbuchhandlung in Heidelberg erschienen sind' nimmt auch der Verlag Walter de Gruyter & Co., Berlin, entgegen.

Sitzungsberichte
der Heidelberger Akademie der Wissenschaften
Mathematisch-naturwissenschaftliche Klasse
Jahrgang 1928. 8. Abhandlung.

Geologische Beobachtungen des Leonardo da Vinci

Von
Wilhelm Salomon
in Heidelberg

Eingegangen am 7. Juni 1928

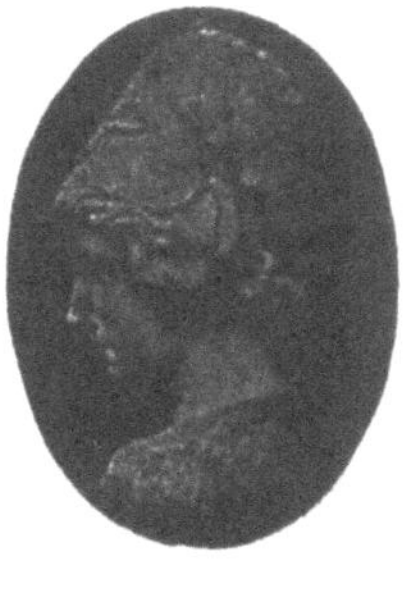

Berlin und Leipzig 1928
Walter de Gruyter & Co.
vormals G. J. Göschen'sche Verlagshandlung / J. Guttentag, Verlagsbuchhandlung / Georg Reimer / Karl J. Trübner / Veit & Comp.

Geologische Beobachtungen des Leonardo da Vinci.

Man kann diese Mitteilungen mit keinem schöneren Worte beginnen als mit dem Satze des LEONARDO selbst: Die Kenntnis der Vergangenheit und der Lage der Erde ist Schmuck und Nahrung des menschlichen Geistes. Ich entnehme diesen Satz, der mir leider nur in deutscher Übersetzung zugänglich ist, dem schönen Buch MARIE HERZFELDS „Leonardo da Vinci, der Denker, Forscher und Poet, aus seinen veröffentlichten Schriften" (Diederichs, Jena 1926).[1]) Als Quelle stand mir außer diesem Buche nur das Werk von JEAN PAUL RICHTER zur Verfügung: The literary works of Leonardo da Vinci, compiled and edited from the original manuscripts, London, Sampson Low, Marston usw. 1883. Es ist jetzt in weiteren Kreisen bekannt, daß LEONARDO sich auch mit geologischen Fragen beschäftigt und das Vorkommen mariner Fossilien im nördlichen Appennin und dem Monferrato im Gegensatz zu seinen Zeitgenossen und den Gelehrten dreier folgender Jahrhunderte richtig erklärt hat.[2]) Als ich aber nun die von M. HERZFELD wiedergegebenen Äußerungen las, entdeckte ich in ihnen eine Fülle anderer Beobachtungen und treffender Deutungen, von denen mir nicht bekannt ist, daß sie in der deutschen geologischen Literatur erwähnt worden seien. Auch das ausgezeichnete und interessante Buch von OLSCHKI[3]) hebt nur diese eine, allerdings besonders wichtige Deutung hervor. Die von OLSCHKI zitierten „geistreichen Kommentare zu Leonardos geologischen Aufzeichnungen" von DUHEM sind mir freilich ebensowenig zugänglich wie die ebenfalls von ihm genannte Schrift von BARATTA. Es ist mir nun leider nicht möglich, diesem Gegenstand eine erschöpfende Darstellung zu widmen. Aber ich will wenigstens kurz die Aufmerksamkeit der Geologen und der anderen Verehrer LEONARDOS auf einige

---

[1]) Ich verdanke das Buch Herrn TRAUTZ in Heidelberg, mehrere Auskünfte Herrn OLSCHKI in Heidelberg.

[2]) ZITTEL führt im Register seiner „Geschichte der Geologie und Palaeontologie bis Ende des 19 ten Jahrhunderts" (München und Leipzig 1899 bei Oldenbourg) den Namen des LEONARDO noch nicht an.

[3]) LEONARDO OLSCHKI. Die Literatur der Technik und der angewandten Wissenschaften vom Mittelalter bis zur Renaissance. Heidelberg, C. Winter. 1919. S. 287–289.

wichtige Punkte lenken und würde mich freuen, wenn meine Anregung einen anderen Forscher veranlaßte, eine erschöpfende Darstellung meines Themas zu geben.

Vor allen Dingen geht aus den Aufzeichnungen LEONARDOS hervor, daß er ganz genau nach dem erst drei Jahrhunderte später zur allgemeinen Annahme gekommenen Grundsatz des Aktualismus arbeitet. Was C. E. A. VON HOFF und LYELL zum Durchbruch brachten, was vor ihnen schon HUTTON und PLAYFAIR angestrebt hatten, war LEONARDO selbstverständlich, wenn er auch natürlich, seiner Zeit entsprechend, die Aussagen der Bibel wörtlich nahm. Dennoch hatte er den Mut, in der bei RICHTER als Abschnitt 986 wiedergegebenen „Dubitazione“ (Zweifel) sich gegen die Universalität der Sintflut auszusprechen. Seine Beweisführung ist die folgende. 40 Tage und Nächte regnete es nach der Bibel auf der ganzen Erde, bis das Wasser 10 Ellen höher als der höchste Berg der Erde gestiegen war. Unter diesen Umständen würde es nicht mehr haben abfließen können. „E qui mancano le ragioni naturali, onde bisognia per soccorso di tal dubitatione chiamare il miracolo per aiuto, o dire che tale acqua fu vaporata dal calore del sole.“ Dem Sinne nach bedeutet das, daß er das Wiederauftauchen der Erde aus der Sintflut für unmöglich hielt, wenn man nicht entweder ein Wunder zu Hilfe nähme oder die gleich unwahrscheinliche Annahme mache, die Sonnenwärme habe die ganze Wassermasse in der kurzen, von dem biblischen Berichte angenommenen Zeit in Dampf verwandelt. Offenbar stand er beiden Erklärungen gleich ungläubig gegenüber, wenn er das auch nicht ausdrücklich sagt. Man wird sich darüber nicht wundern, wenn man bedenkt, daß Giordano Bruno noch 1593 in Rom verbrannt wurde und daß Galilei 1633 widerrufen mußte und zum Kerker verurteilt wurde. Leonardo aber schrieb um 1510.

Wo LEONARDO eine Hypothese prüft oder eine Beobachtung geologischer Art zu erklären versucht, da geht er von seinen eigenen Beobachtungen über rezente Vorgänge aus. Solche aber hatte er nicht etwa gelegentlich nebenher angestellt, sondern ganz systematisch auf seinen Reisen und bei seinen Aufenthalten an verschiedenen Orten gemacht. Und dabei hatte er der Tätigkeit des Wassers und anderer anorganischer Faktoren genau dieselbe Aufmerksamkeit gewidmet, wie der der Organismen. Man vergleiche z. B. folgende Sätze aus RICHTER, Nr. 991, S. 217: „E li detti scogli sono tutti coperti di parentadi e famiglie d'ostriche, le quali noi sappiamo che non si movono, ma stanno sempre appiccate col' un dei gusci al sasso, e l' altro aprono per cibarsi d'animaluzzi, che notan per l'acque, li quali, credendo trovar bona pastura, diventano cibo del predetto nicchio“ (die genannten Felsen sind ganz bedeckt von

Stämmen und Familien von Austern, von denen wir wissen, daß sie keine Ortsbewegung haben. Sie sind vielmehr immer mit einer der Schalen angewachsen. Die andere öffnen sie, um sich von Tierchen zu ernähren, die durch die Gewässer schwimmen und gute Nahrung zu finden hoffen, während sie die Speise der genannten Muschel werden“). Auf der Grundlage solcher Beobachtungen über die Gegenwart kommt nun LEONARDO zu einer ganzen Reihe von richtigen Schlüssen über erdgeschichtliche Vorgänge.

Steinkerne. Versteinerungen.

In dem Manuskript F. des Institut de France (1508—1509) übersetzt bei HERZFELD auf S. 63—64, heißt es: Als das Meer mit der Zeit sank und das Salzwasser abgeflossen war, begann jener Schlamm sich in Stein zu verwandeln, und die Schalen selbiger Muscheln, deren Tiere schon hinweggeschwunden, wurden anstatt von diesen nun von Schlamm neu angefüllt; und so, bei der Umschaffung all des Schlammes ringsum in Stein, begann auch jener Schlamm, der innerhalb der etwas geöffneten Schalen der Muscheln geblieben und durch diese Öffnung mit dem übrigen Schlamm verbunden war, sich auch in Schlamm zu verwandeln, und so blieben alle Schalen[1]) solcher Muscheln zwischen zwei Steinen, d. h. zwischen dem der sie umschloß, und dem welchen sie einschlossen (scilicet dem Steinkern. Zusatz von W. S.), wie man sie noch an vielen Orten auffindet. Und fast alle die versteinerten Muscheln in den Blöcken der Berge haben noch ihre natürliche Schale (bei HERZFELD: Mantel) herum, und besonders jene, die hinreichend alt gewesen, um durch ihre Härte sich zu erhalten; und die jungen, schon zum großen Teile verkalkt, waren von einem zähen und petrifizierenden Saft durchdrungen worden.

Zunahme des Salzgehaltes des Meeres und Kreislauf des Salzes.

In RICHTERS Abschnitt 946 (HERZFELD, S. 58—59) wendet sich LEONARDO, der seine Beweise überhaupt immer gern als Widerlegungen falscher Behauptungen einkleidet, gegen die alte Annahme des PLINIUS, das Salz des Meeres rühre davon her, daß die Sonnenhitze eintrocknendes Wasser salzig werden ließe. Dann müßten nämlich die kleinen Binnenseen viel salziger sein als das Meer. Er erklärt den Salzgehalt des Meeres dadurch, daß die Flüsse die Salzlager der Festländer auslaugen und in das Meer führen. „Ed e' sarebbe più salato il mare alli nostri tempi che mai per alcun altro tempo fusse“ (das Meer würde also nach seiner Auffassung jetzt salziger sein als es jemals früher gewesen wäre). E se

[1]) HERZFELD übersetzt „Rinden“, im Original offenbar „scorze“.

per l'aversario si dicesse che il tempo infinito seccherebbe over congielerebbe il mare in sale, a questo si risponde, che tal sale si rende alla terra colla liberatione d'essa terra, che s'inalza col suo acquistato sale e li fiumi lo rendono alla sommersa terra (und wenn man umgekehrt sagte, daß die unendliche Zeit das Meer austrocknen oder zu Salz gefrieren ließe, so würde man darauf antworten, daß solches Salz dem Festlande wieder zurückgegeben wird bei der Befreiung des Festlandes, welches sich mit seinem gewonnenen Salz emporhebt (sc. über das Meer); und die Flüsse geben es wieder dem versunkenen Festlande zurück).

Hier ist in ganz moderner Auffassung ausgesprochen, daß der Salzgehalt des Meeres von den Festländern stammt, aber auch daß marine Salzlager durch Hebung des Meeresgrundes und Wiederauflösung einen Kreislauf beschreiben.

Erosionstäler und Flußabsätze.

RICHTER, Abschnitt 980, S. 205.

Come li fiumi ànno tutti segati e divisi li membri delle grand'alpi l'uno dall'altro, e questo si manifesta per lo ordine delle pietre faldate, chè dalla sommità del monte insino al fiume si vedono le corrispondenze delle falde essere così da l'un de' lati del fiume come dall'altro; Come le pietre faldate de' monti son tutti i gradi de' fanghi posati l'un sopra l'altro per le inondationi de' fiumi; Come le diverse grossezze delle falde delle pietre son create da diverse inondationi de' fiumi, cioè maggiore ondatione o minore (die Flüsse haben alle Glieder (Berge) der großen Gebirge zersägt und getrennt, jedes von dem anderen; und das zeigt sich durch die Anordnung der geschichteten Gesteine, da man vom Gipfel des Berges bis zum Fluß sieht, daß sich die Schichten auf beiden Ufern genau entsprechen. Die geschichteten Gesteine sind sämtlich Schlammschichten, die sich durch die Überschwemmungen der Flüsse aufeinander abgelagert haben. Die verschiedenen Mächtigkeiten der Gesteinsschichten rühren von verschiedenen Überschwemmungen der Flüsse her, nämlich von größeren oder kleineren Fluten.)

Ähnliche Äußerungen finden sich in mehreren Schriftstücken, z. B. RICHTER 789, S. 95, HERZFELD, S. 60: Und solche Erdschichten sind sichtbar an den Ufern der Flüsse, die einen Berg von dem anderen zerschnitten und getrennt haben, indem sie dauernd dort geströmt sind und tiefe Einschnitte erzeugt haben (fiumi che coi lor continui corsi ànno secati e partiti con gran profondità di tagli l'un monte dall'altro).

Kürze der menschlichen Geschichte im Verhältnis zur Erdgeschichte.

Richter, Abschn. 984. Herzfeld, S. 61. Perchè molto son più antiche le cose che le lettere, non è maraviglia, se alli nostri giorni non apparisce scrittura delli predetti mari essere occupatori di tanti paesi; e se pure alcuna scrittura apparia, le guerre, l'incendi, li diluvi dell'acque, le mutationi delle lingue e delle leggi ànno consumato ogni antichità, ma a noi bastano le testimonianze delle cose nate nelle acque salse ritrovarsi nelli alti monti, lontani dalli mari d'allora (Viel älter sind die Gegenstände als die Berichte über sie. Daher ist es nicht wunderbar, wenn in unseren Tagen kein Schriftstück Kunde von den genannten Meeren gibt, die so viele Länder überflutet hatten. Und wenn dennoch irgendein schriftlicher Bericht darüber erschienen war, so haben Kriege, Brände, Sintfluten, Änderungen der Sprachen und der Gesetze alle Altertümer zerstört. Uns aber reicht das Zeugnis der im Meerwasser geborenen Dinge (sc. Tiere und Pflanzen), die wir auf den hohen Bergen, weit von den damaligen Meeren finden.)

Man sieht, daß selbst ein Leonardo sich damals noch keine Vorstellung von dem Verhältnis der Erdgeschichte (Größenordnung 3 Milliarden Jahre und der menschlichen Geschichte 6500 Jahre) machen konnte.

Epeirogenesis.

Richter, Abschn. 935, Herzfeld S. 62.

Die Muscheln, Austern und anderen ähnlichen Tiere, die im Meeresschlamm leben, bezeugen uns die Veränderung der Erde um das Zentrum unserer Elemente (soll heißen, Lagenänderungen im Verhältnis zum Erdmittelpunkt). Das läßt sich so beweisen. Die Flüsse erster Ordnung (sc. welche in das Meer münden), sind immer trübe, durch Erde gefärbt, welche durch die Reibung ihrer Gewässer am Grunde und an den Ufern weggenommen wird; und diese Abnützung (sc. Erosion) entblößt die Köpfe der Bodenschichten jener Muscheln, die sich auf der Oberfläche des Meeresschlammes befinden. Diese entstanden (wörtlich: wurden geboren) dort, als die Salzwasser sie bedeckten. Und diese Schichten (gradi, wörtlich Stufen) wurden von Zeit zu Zeit von Schlammschichten von verschiedener Mächtigkeit bedeckt oder durch verschieden starke Hochwasser der Flüsse ins Meer geführt. So wurden diese Schlammlagen in solcher Höhe aufgebaut (composti), daß sie vom Meeresgrunde her sich der Luft entblößten (che dal fondo si scopriva all'aria). Jetzt sind diese Meeresgründe in solcher Höhenlage, daß sie Hügel oder hohe Berge geworden sind. E li fiumi, consumatori de' lati d'essi monti, scoprono li gradi d'essi nichi, e così il lenificato lato della terra al continuo s' inalza, e li antipodi s'accostano più al centro del mondo, e li antichi fondi del mare son fatti gioghi di monti (und die Flüsse, welche die Flanken der Berge abnagen, entblößen die Muschelschichten, und so steigt die erleichterte Seite der Erdkugel dauernd in die Höhe, die Antipoden nähern sich mehr dem Zentrum der Erde und die alten Meeresgründe werden zu Bergkämmen).

Eine ganz ähnliche Vorstellung spricht LEONARDO auch in Abschnitt 987, letzter Absatz bei RICHTER, S. 211 aus: E si è alzata la terra del nostro emisperio per tanto più che non solea, per quanto ella si fece più lieve delle acque, che le mancarono per il taglio di Calpe e d'Abila, e altrettanto più sè alzata, perchè il peso dell'acque che di qui mancarono, s'aggiunsero alla terra volta all' altro emisperio (und die Erde unserer Halbkugel hat sich so viel mehr über ihr gewöhnliches Niveau erhoben, als sie leichter wurde von den Gewässern, die ihr durch den Einschnitt von Ceuta und Gibraltar verloren gingen. Und sie hat sich noch um ebensoviel emporgehoben, weil sich das Gewicht der Gewässer, die hier verloren gingen, der andren Halbkugel zufügte.)

Ich war erst auf Grund der HERZFELDschen Übersetzung der ersten, hier wiedergegebenen Stelle geneigt anzunehmen, daß LEONARDO schon die eigentliche Theorie der Isostasie gekannt habe. Die italienischen Originalstellen zeigen aber, daß das denn doch nicht zutrifft. Die heutige Isostasie nimmt ein Schwimmen der oberflächlichen Schollen auf einer säkularflüssigen Unterlage an. In diese sollen sie einsinken bzw. aus ihr emporsteigen. LEONARDO, der mit seiner Theorie das Auftreten der marinen Schichten auf den Festländern erklären will, denkt an eine Störung der Gesamterdkugel. Die eine Halbkugel wird abgetragen und vom abströmenden Wasser erleichtert. Sie entfernt sich daher vom Erdmittelpunkt. Die Antipodenseite wird schwerer und nähert sich diesem. Immerhin hat seine Vorstellung das Verdienst, zum ersten Male in Störungen des Gleichgewichtes der Erdkugel die Ursache des Auftauchens der Festländer aus dem Meere zu suchen. Sie ist die Vorläuferin mancher moderner epeirogenetischer Theorien.

Erklärung des Auftretens mariner Schichten hoch über dem Meer.

Wahrscheinlich ist LEONARDO dadurch zuerst auf dies Problem gestoßen, daß man ihm, als er „il gran cavallo di Milano" machte, einen großen Sack von Muscheln und angebohrten Korallen brachte, „che in tal loco furò trovati (im Appennin von Piacenza oder Parma), fralli quali ve n'era assai delli conservati nella prima bontà"[1]) (unter denen zahl-

[1]) RICHTER 989, S. 215.

reiche vorzüglich erhalten waren, sc. als ob sie eben erst am Meere gesammelt wären). Es ist bekannt, daß LEONARDO sich ausführlich zu dieser Frage geäußert und in moderner Zeit zum ersten Male die richtige Erklärung gegeben hat. Die ganze Art seiner Beweisführung ist aber so interessant und steht so ganz auf dem Boden des Aktualismus, daß ich wenigstens einige Stellen seiner Aufzeichnungen hervorheben möchte. Er wendet sich nicht nur gegen die Anhänger der Sintfluttheorie, sondern auch gegen diejenigen, welche im Sinne der späteren Bezeichnung der „lusus naturae" glaubten, daß die Einflüsse der Gestirne in den Erdschichten Gebilde erzeugt hätten, die zwar wie Tierreste aussähen, aber rein anorganischer Entstehung wären.

Von den zahlreichen Schriften, in denen er sich ausführlich zu diesem Gegenstand äußert, scheint mir die folgende Stelle aus RICHTERS Abschn. 987, S. 209—210 am wichtigsten zu sein. Er setzt dort voraus, daß der Gegner sage: Die Muscheln lieben es, nahe der Meeresküste zu sein. Als also das Wasser der Sintflut stieg, verließen sie ihren ursprünglichen Aufenthaltsort und folgten den steigenden Wassern bis zu ihrer höchsten Höhe. „Qui si risponde che, sendo il nicchio animale di non più veloce moto, che si sia la lumaca, fori dell'acqua, e qualchecosa più tarda perchè non nota, anzi si fa un solco per l'arena mediante i lati di tal solco ove s' appoggia, caminerà il dì dalle tre alle quattro braccia; adunque questo con tale moto non sarà caminato dal mare Adriano insino in Monferrato di Lombardia, chè v'è 250 miglia di distantia, in 40 giorni, come disse, chi tenne conto d'esso tempo" (hier antwortet man, daß die Muschel ein Tier von nicht schnellerer Bewegung ist als die Schnecke außerhalb des Wassers. Ja, sie ist etwas langsamer, da sie nicht schwimmt. Sie macht sogar eine Furche im Sande. Durch die Seiten dieser Furche, auf die sie sich stützt, wird sie am Tage etwa drei bis vier Ellen kriechen. Mit dieser Bewegung wird sie also nicht in 40 Tagen vom adriatischen Meere bis in das Monferrato (damals noch Lombardei) gekrochen sein, da das 250 Miglien (it. Meilen) sind. 40 Tage aber gibt der an, der die Zeit [der Sintflut] maß).

Gegen die Hypothese der Naturspiele sagt LEONARDO im Abschn. 988 bei RICHTER, S. 211 das Folgende: Denen, welche sagen, daß die Muscheln weit entfernt von den Meeren entstanden sind durch die Natur des Ortes und der Himmel (sc. astronomische Konstellationen), welche einen solchen Ort zu ähnlichen Schöpfungen veranlassen, ist das Folgende zu antworten: Ein solcher Einfluß würde nicht alle Tiere in einem bestimmten Niveau (linia) erzeugen, oder doch alle von der gleichen Art und demselben Alter. Wir finden aber das alte Tier zusammen mit dem jungen, das eine mit dem Deckel und das andere ohne diesen, das eine zerbrochen, das andere unversehrt, das eine erfüllt von Meeressand und großen und kleinen Bruchstücken anderer Muscheln, was alles in die unversehrten und offen gebliebenen Schalen hineingeriet; wir finden die Scheren der Krebse[1]) ohne den Rest ihres ganzen Körpers. Wir finden Muscheln anderer Art so auf ihnen aufsitzend, wie ein Tier, das sich auf ihnen bewegt. Denn es ist noch die Spur ihres Weges auf der Schale erkennbar, welche das fremde Tier nach der Art des Holzwurmes fraß. Wir finden zwischen den Muscheln Knochen und Zähne von Fischen, welche einige Pfeile und andere Schlangenzungen nennen.[2]) Wir würden nicht so viele Teile verschiedener Tiere vereinigt finden, wenn sie nicht von dem Meeresstrand dorthin geworfen wären. Auch die Sintflut würde sie nicht dorthin getragen haben, weil Gegenstände, die schwerer als das Wasser sind, nicht auf ihm schwimmen. (Usw.)

Fossile Kriechspuren.

RICHTER, Abschn. 990, S. 215 hat folgenden Satz: Come nelle falde, infra l'una e l'altra si trovano ancora li andamenti delli lonbrici che caminavano infra esse quando non erano ancora asciutte (wie in den Schichten, zwischen einer und einer anderen sich noch die Gänge der Regenwürmer finden, die zwischen ihnen krochen, als sie noch nicht trocken waren). Hier ist kaum eine andere Deutung möglich, als daß LEONARDO Schichtplatten mit echten Kriechspuren beobachtet hat, wobei es natürlich ganz gleichgültig ist, ob es Wurmspuren oder andere waren.

Paläogeographie des Mittelmeeres.

HERZFELD hat auf S. 61 folgende Stelle aus dem Leicester Codex, der ganz besonders reich an geologischen Aussprüchen ist: „Der mittelländische Busen, als Binnensee, empfing einst die Hauptgewässer von Afrika, Asien und Europa, die ihm zugewendet sind; seine Wasser erreichten den Strand der Berge, die ihn umgaben und ihm ein Gestade bildeten, und die Gipfel des Appennin standen im selbigen Meere in Form von Inseln, umgeben von salzigem Wasser, und auch Afrika drinnen bei seinem Atlasgebirge zeigte nicht dem Himmel entblößt den Boden seiner großen Ebenen von etwa 3000 Meilen Länge, und Memphis lag an der Küste solchen Meeres, und auf den Ebenen Italiens, wo heute die Vögel fliegen, pflegten die Fische in großen Rudeln zu wandern.“ Diese Schilderung stimmt in vielen Punkten für das Pliocän.

---

[1]) „Le boche“, hier, wie mir Herr OLSCHKI bestätigt, im Sinne von Scheren.

[2]) Offenbar handelt es sich um Haifischzähne, die auch im Mainzer Tertiär die Aufmerksamkeit der Laien erregen und dort „Vogelzungen“ heißen.

Schluß.

Damit beschließe ich meine kurze und unvollständige Aufzählung. Möge sie einen anderen Forscher veranlassen, dem Geologen LEONARDO DA VINCI, dem unehelichen Sohne einer toskanischen Bäuerin, ein würdigeres Denkmal zu setzen.

Nachschrift.

Erst nach der Niederschrift des Vorstehenden gelang es mir, auf Grund des Zitates bei OLSCHKI, S. 289, Fußn. 1, Einsicht in die ausgezeichnete Arbeit von BERNHARD SCHWEITZER zu nehmen: Eine geologische Entdeckung des Altertums und ihre Wiederentdeckung in neuerer Zeit (Sokrates, Zeitschrift für das Gymnasialwesen, 1918, Jahrgang 6, S. 342—355). SCHWEITZER zeigt, daß LEONARDO offenbar die berühmte Stelle des HERODOT[1]) in dessen Buch II, Abschn. 10—12, gekannt hat und wohl dadurch seine frühere falsche Auffassung der im Gebirge gefundenen Muscheln aufgegeben habe. Dagegen scheint mir SCHWEITZER den Inhalt der Äußerungen des HERODOT zu überschätzen. Dieser zeigt zwar ganz deutlich, daß das Nildelta eine Anschwemmung des Flusses ist. Davon, daß das Meer einmal höher gestanden habe, spricht er nicht unmittelbar. Wenn er freilich sagt, „ich konnte beobachten, daß auf den (besagten) Bergen Muscheln auftreten und sich Salzablagerungen finden“, so hat er mit der ersten Bemerkung in der Tat wohl an einen höheren Stand des Meeres gedacht. Die zweite Bemerkung übersetzt SCHÖLL (Stuttgart 1829 bei Metzler) aber anders, nämlich: „In Betracht, daß Ägypten auf seinen Gebirgen Muscheln zeigt und daß es Salzteile ausstößt, wovon selbst die Pyramiden angegriffen werden.“ Hier handelt es sich offenbar gar nicht um ehemalige salzige Meeresablagerungen, sondern um Salzausblühungen aus der Wüste, die nicht als ein Beweis für einen ehemals höheren Stand des Meeres aufgefaßt werden können. Aus allem, was HERODOT schreibt, ist also nur die Anführung der Muscheln im Gebirge als Beweis dafür verwertbar. Man vergleiche nun diese mit den auch von SCHWEITZER ausführlich wiedergegebenen Ausführungen des LEONARDO DA VINCI; und man wird sehen, daß dieser in durchaus selbständiger Weise den Beweis führt und eine Fülle von ausgezeichneten Beobachtungen und Schlußfolgerungen hat, die er wahrlich nicht dem HERODOT entnehmen konnte. Damit will ich natürlich nicht den Wert der schönen Darstellung SCHWEITZERS verringern. Ich will nur zeigen, daß selbst wenn LEONARDO die Anregung zu der Änderung seiner früheren

[1]) Diese Stelle kennt auch ZITTEL in seiner „Geschichte der Geologie“ (S. 4).

Auffassung dem HERODOT verdankt, er doch in durchaus selbständiger, neuer und origineller Weise den bei HERODOT nur angedeuteten Beweis geführt hat. Nicht richtig ist übrigens bei SCHWEITZER auch die Annahme, daß „die lebenden Muscheln immer am Rande, nie auf der Sohle des Meeres anzutreffen sind (S. 343, Zeile 8). Vor allen Dingen aber hat sich ja LEONARDO gar nicht auf die von HERODOT hervorgehobenen Punkte beschränkt, sondern, wie ich im vorstehenden gezeigt zu haben glaube, auch eine Fülle anderer geologischer Probleme erkannt und gelöst.

Anhang.

Erst nachdem ich das vorstehende Manuskript bereits zum Drucke gegeben hatte, erhielt ich durch das liebenswürdige Entgegenkommen meines Freundes Prof. L. BIANCHI in Bologna das Buch des Neapolitaner Geologen GIUSEPPE DE LORENZO „Leonardo da Vinci e la geologia“, (Pubblicazioni dell' Istituto Vinciano in Roma, III, Verlag von Nicola Zanichelli, Bologna, Jahr 1920). Hätte ich dies Buch vorher gekannt, so würde ich es wohl unterlassen haben, meinen kleinen Aufsatz zu schreiben. Denn es ist das Denkmal, dessen Errichtung ich in meinem Schlußwort wünschte. Nachdem der Druck meines Aufsatzes aber bereits begonnen hatte, war es nicht möglich, darauf zu verzichten. Auch ist die ganze Art der Darstellung bei meinem ausgezeichneten Kollegen DE LORENZO so anders gerichtet, sein Material so viel größer und daher natürlich auch weniger übersichtlich, daß es doch vielleicht zweckmäßig ist, dem deutschen wissenschaftlichen Publikum durch meinen kurzen Aufsatz zu zeigen, daß es sich lohnt, die ausführliche Veröffentlichung von DE LORENZO zu studieren. Diese umfaßt nicht nur die geologischen Beobachtungen des LEONARDO selbst, sondern auch die Entwicklung der Geologie vor ihm und nach ihm. SCHWEITZER, der ja ebenfalls die Geologie des Altertums behandelt hat, ist DE LORENZO unbekannt. Auch nennt dieser den HERODOT nicht, während er auf andere antike Schriftsteller und insbesondere auch auf die Anschauungen der ihm wohl bekannten indischen Denker eingeht. So ergänzen sich die beiden Schriften und das um so mehr, als DE LORENZO italienische Quellen benützt, die bei uns nicht oder nur wenig bekannt sind. Vielleicht entschließt sich daraufhin nun einmal ein Historiker der Naturwissenschaften, in einer zusammenfassenden Darstellung das gesamte Material einheitlich zu verarbeiten. Wer DE LORENZOS und meine Schrift vergleicht, wird sehen, daß ich nur in unwesentlichen Punkten von ihm abweiche. Aber vielleicht ist auch das nicht ohne Interesse, daß wir beide als Geologen unabhängig voneinander zu einer viel höheren Wertschätzung der geologischen Leistungen des LEONARDO und ihrer Selbständigkeit der Antike gegenüber gekommen sind als SCHWEITZER. Ich stimme völlig mit DE LORENZO überein, wenn er auf S. 147 schreibt: „Nella geologia solo oggi noi possiamo degnamente valutare tutto quello che Leonardo da Vinci osservò, pensò, scrisse. Uscito appena dalle tenebre scientifiche medioevali, dopo più d'un millennio d' ignoranza, aggravata dal dogmatismo religioso, egli si trovò, nel campo geologico, senza tradizione, senza insegnamento di antecessori o di contemporanei, tutto solo e tutto suo al conspetto della terra."

Abteilung B. Biologische Wissenschaften.

Jahrgang 1923.

1. KOSSEL, A. und R. E. GROSS. Über die Darstellung und quantitative Bestimmung des Arginins. Reichsmark 0·30

Von Jahrgang 1925 ab findet die Trennung in Abteilung A und B nicht mehr statt.

Jahrgang 1925.

1. HEFFTER, LOTHAR. Zur absoluten Geometrie II. Reichsmark 0·50.
2. ROESER, ERNST. Die komplementären Figuren der nichteuklidischen Ebene. Reichsmark 0·50
3. FLADT, KUNO. Neuer Beweis f. d. Zuordnung von rechtwinkligem Dreieck und Spitzeck in der hyperbolischen Elementargeometrie. Reichsmark 0·30
4. SALOMON, WILHELM. Beobachtungen über Harnische. Reichsmark 0·70
5. LOEWY, A. Beiträge zur Algebra. 1—4. Reichsmark 1·—
6. HELLPACH, WILLY. 2. Mitteilung zur Physiognomik der deutschen Volksstämme Reichsmark 0·30
7. LOEWY, ALFRED. Neue elementare Begründung u. Erweiterung der Galois'schen Theorie. Reichsmark 2·—
8. CURTIUS, THEODOR u. BERTHO, ALFRED. Einwirkung von Stickstoffkohlenoxyd und von Stickstoffwasserstoffsäure unter Druck auf aromatische Kohlenwasserstoffe. Reichsmark 0·40
9. ROESER, ERNST. Die gnomonische Projektion in der hyperbolischen Geometrie· Reichsmark 0·70
10. RASCH, G. Über die Ausnützung der Gezeiten des Meeres zur Energiegewinnung. Reichsmark 0·80
11. SALOMON, WILHELM. Magmatische Hebungen. Reichsmark 1·20
12. PÜTTER, A. Altersbestimmungen an Drachenbäumen von Tenerife. Reichs mark 0·90
13. VOLK, OTTO. Über geodätische rhombische Kurvennetze auf krummen Flächen, insbesondere auf Flächen konstanter Krümmung. Reichsmark 1·10
14. ROESER, ERNST. Die Fundamentalkonstruktion der hyperbolischen Geometrie. Reichsmark 1·40
15. RÜGER, L. u. RÜGER-HAAS, P. Palaeosemaeostoma geryonides v. Huene sp. eine sessile Meduse aus dem Dogger von Wehingen i. W. und Medusina liasica nov. sp., eine coronatenähnliche Meduse aus dem mittleren Lias von Hechingen i. Württemberg. Reichsmark 1·50

Jahrgang 1926.

1. KRULL, WOLFGANG. Theorie und Anwendung der verallgemeinerten Abelschen Gruppen. Reichsmark 1·70
2. KLEBS, GEORG. Über periodisch wachsende tropische Baumarten. Reichsmark 1·20
3. MÜLLER, MAX. Über die Oberfläche von Flächenstücken. Reichsmark 1·20
4. ERNST, MAX. Über Anlagen von Organen, die nicht zur Ausbildung gelangen. Reichsmark 0·50
5. ERNST, EMIL. Die optischen Eigenschaften des Andesins von Bodenmais Reichsmark 1·10
6. LIEPMANN, WILHELM. Leichengeburt bei Ichthyosauriern. Reichsmark 0·90
7. KLEBS, GEORG. Über die Längenperiode der Internodien. Reichsmark 2·40
8. JOST, L. u. v. UBISCH, G. Zur Windefrage. Reichsmark 0·80
9. SALOMON, WILHELM. Gibt es Gesteine, die für bestimmte Erdperioden charakteristisch sind? Reichsmark 0·30
10. ROESER, ERNST. Der reelle Übergang zwischen den beiden nichteuklidischen Geometrien und ihrem Parallelenbegriff. Reichsmark 1·20
11. SALOMON, WILHELM. Kugelförmige Absonderung. Reichsmark 0·80
12. SALOMON, Felsenmeere und Blockstreuungen. Reichsmark 0·80
13. SALOMON, Die Gruppendefinitionen in der Paläontologie. Reichsmark 0·90

Jahrgang 1927.

1. Loewy, Alfred. Neue elementare Begründung und Erweiterung der Galoisschen Theorie. Reichsmark 1·60
2. Liebmann, Heinrich. Rhombische Geradennetze im Raum. Reichsmark 1·—
3. Volk, Otto. Über geodätische Dreiecknetze auf Flächen konstanten Krümmungsmaßes. Reichsmark 1·80
4. Pütter, A. Chemische Reizwirkung und Giftwirkung. Mit einem mathematischen Anhang: Ein Diffussionsproblem von E. Trefftz. Reichsmark 2·40
5. Rembs, Eduard. Die Verbiegung des verlängerten Rotationsellipsoids. Reichsmark 1·60
6. Mayer, Adolf. Naturwissenschaftliche Ästhetik. Reichsmark 0·90
7. Mayer, Adolf. Naturwissenschaftliche Volkswirtschaftslehre. Reichsm. 0·80
8. Baer, R., Kapferer, H., Krull. W. Schmidt, F. K. Beiträge zur Algebra. Nr. 5—10. Reichsmark 6·20
9. Müller, Max. Über die Eindeutigkeit der Intregale eines Systems gewöhnlicher Differentialgleichungen und die Konvergenz einer Gattung von Verfahren zur Approximation dieser Integrale. Reichsmark 2·50
10. Freudenberg, Karl. Intramolekulare Umlagerung optisch-aktiver Systeme Reichsmark 1·—
11. Roeser, Ernst. Abbildung der hyperbolischen Ebene auf die Kugel mittels der Beziehung zwischen Lot und Parallelwinkel. Reichsmark 1·—
12. Rüger, L. Die direkte gebirgsgetreue Übertragung der auf dem Universaldrehtisch gewonnenen Messungsergebnisse gebirgsorientierter Schliffe in das Diagramm. Reichsmark 1·20
13. Jost, L. Elektrische Potentialdifferenzen an der Einzelzelle. Reichsmark 1·90

Jahrgang 1928.

1. Rüger, L. Einige Bemerkungen zur Darstellung tektonischer Elemente, insbesonders von Klüften und Harnischen. Reichsmark 1·20—
2. Herbst, Curt. Untersuchungen zur Bestimmung des Geschlechts. Ein neuer Weg zur Lösung des Geschlechtsbestimmungsproblems bei Bonellia viridis. Reichsmark 1·50
3. Merton, Hugo. Untersuchungen über die Entstehung amöbenähnlicher Zellen aus absterbenden Infusorien. Reichsmark 2·20
4. Baer, Reinhotd. Zur Einordnung der Theorie der Mischgruppen in die Gruppentheorie. Reichsmark 2·20
5. Baer, Reinhold. Über die Zerlegungen einer Mischgruppe nach einer Untermischgruppe. Reichsmark 1·50
6. Roeser, Ernst. Komplementäre Körper der beiden nichteuklidischen Geometrien. Reichsmark 1·—
7. Krull, Wolfgang. Primidealketten in allgemeinen Ringbereichen. Reichsmark 1·10
8. Salomon, Wilhelm. Geologische Beobachtungeu des Leonardo da Vinci. Reichsmark 0·90

Abhandlungen
der Heidelberger Akademie der Wissenschaften

Mathematisch-naturwissenschaftliche Klasse

Abteilung A

12. Mohr, Ernst. Über den Zusammenhang zwischen der Struktur und den morphologischen Merkmalen des Diamanten. 1924. Reichsmark 3·50
13. Reinmuth, Karl. Die Herschel-Nebel, nach Aufnahmen der Königstuhlsternwarte. 1926. Reichsmark 20·—
14. Salomon, Wilhelm. Die Erbohrung der Heidelberger Radium-Sol-Therme und ihre geologischen Verhältnisse. 1927. Reichsmark 8·—

Druck: Hermann Böhlaus Nachfolger Hof-Buchdruckerei G. m. b. H. Weimar.

FSC
www.fsc.org
MIX
Papier | Fördert
gute Waldnutzung
FSC® C083411

Zeitfracht Medien GmbH
Ferdinand-Jühlke-Straße 7
99095 Erfurt, Deutschland
produktsicherheit@kolibri360.de